活的花藝‧移動的花園

組 合 盆 栽 全 書

作者／張滋佳

目錄 CONTENTS

服務業新生機～綠的生命

「跨界」是滋佳理事長的特長，個性豁達又細微，經歷廣泛又精深，巧思跨國又本土，創作霸氣又靈巧，把花藝精髓的藝術和技藝運用至爐火純熟，使作品中有意有象，有情有景，有典有史，讓人流連忘返。她念茲在茲的使命，是要把臺灣的植物推向世界舞台，希望本書能觸動讀者感念花卉產業界的初心，將臺灣精湛的花卉生產技術，結合創意十足的花藝加值，跨級轉型以服務業融入日常生活，帶動整體花卉產業結構轉型。

行政院農業委員會桃園區農業改良場副場長

傅仰人

一花一世界，一草一天堂

「一花一世界，一草一天堂」，世界因花草而變得繽紛美麗，居家生活環境因花草而顯得多采多姿，我們的身心靈因花草而滋養得健康療癒。《活的花藝ᴥ移動的花園》一書的作者可謂「花之精靈」，由自身多年豐富的花藝歷練修為，內化為對一花一草特性的敏感掌握，遵循自然法則，用花藝的巧手，以組合盆栽的方式呈現花草自然之美，每份作品都活化了花草的生命，展現其特殊的意境，真是嘆為觀止。

行政院農業委員會農業試驗所花卉研究中心主任

謝廷芳

組合盆栽創造生活情趣

在花卉界耕耘多年的滋佳老師，時常看到她穿梭於花市的身影，從不缺席各種大型花藝活動，熱情參與各項展出，可見其對於花卉園藝的喜愛程度，堪稱是花藝界的活字典。

《活的花藝ᴥ移動的花園》的出版集結了多年以來的創作，不僅能讓我們了解創作者的巧思及歷程，也讓一般人能更了解各種植栽的特性，活用於日常當中增添生活情趣。因此，對於喜愛花卉組合盆栽的人是一大福音！

財團法人台灣區花卉發展協會董事長

郭玉和

創造植物的新價值

　　將各種原本單盆的植物，組合設計為一件創新的藝術作品，就是組合盆栽的基本概念。本會自從20餘年前引進組合盆栽的觀念、技術以來，一直致力於將此盆栽應用推廣於生活園藝中。在辦理各項推廣教學與展示活動時，很榮幸與張滋佳老師合作。張老師以紮實的花藝美學功力，將組合盆栽的技巧、美觀、趣味等觀點大幅提昇。期盼藉由這本書的推廣，可以讓組合盆栽的應用更寬廣、更普及。

財團法人台北市錫瑠環境綠化基金會董事長

林錦松

播下希望的種子

　　身為花卉園藝界的一員，最重視的則是播下希望的種子，將自身所累積的知識與經驗，承先啟後以期永續傳承。張滋佳老師就是緊緊扣上這一環的執行者、園藝界的動力推手。

　　這本不僅僅是園藝書籍更是夢想的起點，從入門基礎到技術指導，循序漸進，雖易懂卻精闊，可謂必備藏書。

　　翻開後你將了解組合盆栽的樂趣；享受組合過程的心怡與擁抱成果的驚艷，期待與大家共同享受此書所創造的心靈財富。

財團法人中華花卉園藝文教基金會董事長

張家銘

用盆栽創造綠意生活

　　組合盆栽觀念及技術的引進改變了台灣傳統盆花生產模式，開始投入小品盆栽生產，現在不僅成為市場消費主流，讓盆花產業注入一股活水，同時也活絡了國內花卉送禮市場；張滋佳老師日本學成歸國後即致力於組合盆栽技術的推動，親自參與國內外過無數場的組合盆栽教學及花卉展覽，《活的花藝♥移動的花園》一書集結張老師多年來的精心創作，期盼能與讀者分享組合盆栽玩花的樂趣，一起創造更美好、更美麗的生活。

台北花卉產銷股份有限公司董事長

讓台灣這個《活的花藝♥移動的花園》更美麗！更有競爭力！

　　台灣儼然也是一個大溫室！台灣地處歐亞大陸板塊與菲律賓海板塊之間、有北迴歸線橫跨、又有四千多公尺的高山聳立、周邊海洋環繞黑潮暖流經過、擁有世界上絕無僅有的多元氣候帶、因此孕育豐富的動植物生態環境景觀資源。

　　這就如同張滋佳老師在《活的花藝♥移動的花園》所言「何謂組合盆栽」？「造景、綠美化都可以算是組合盆栽…以此類推，數個組合成為一個小景，擴大到最大就是…」那麼，台灣…無疑的也是一個天然最大的組合盆栽，也是您我生活與共「活的花藝組合盆栽」。

　　《活的花藝♥移動的花園》透過作者分享350個花卉美麗的創意、傳遞組合盆栽基礎知識技術，可以開啟我們對於「盆栽組合」的無限想像與創造力，也讓大家了解「組合盆栽」的寬廣與深度。

　　此書值得喜愛植物、花藝、園藝、景觀、愛樹、護樹…人士以及愛護台灣景觀環境的您我來細心閱讀，不僅可領閱其中花藝美麗的創意！更能感受組合盆栽的無限魅力！書中也傳遞作者獨具慧心與創意天分所累積的技藝觀念與技術知識。

　　這是一本值得我向大家推薦的好書！更是一本生活實用的綠美化活字典！

　　希望大家用他繼續推廣到我們的生活周遭環境中…將台灣這樣一個「大盆器」蛻變成為一個「活的花藝組合盆栽」。讓台灣更美麗！台灣更有競爭力！

中華民國景觀工程商業同業公會全國聯合會理事長

探究植物裡的萬千世界

　　生命歷程中的緣份，以及個人的天賦、努力，造就了滋佳理事長紮實的花藝功力，「勇於跨界」更讓其人生增添了許多精彩的篇章，而這一切經歷，都沒有遠離自然界最多彩的生命體—植物。

　　植物的美，是多彩、鮮活的，人工難以複製，但自古即今人類從未放棄過取之用於點綴生活、用以表達我們心裡的萬千世界。真正是有一大群人，樂此不疲於採擷、搭配、組合、觀賞、紀錄自然界裡的花花草草，滋佳理事長本身即以50年的光陰，不斷學習精進、嘗試創造、突破既有的框架，試圖感染身邊的每一個人，一起來感受玩賞花草的樂趣。

　　本書是一個彙整，如若花卉產業有一個光譜，尺度從個人生活的點綴、人際互動、宗教獻禮的運用至更大範圍的造景園藝，翻開每一個篇章我們得以看見，不同的色彩波段。我亦相信本書只是一個逗點，或許從中每一個人得到一個啟發，用以展望未來，花卉產業的面向，就能夠更為多元茂盛。

　　找一個時間，放下繁忙的事務，靜靜的以茶伴讀；或準備材料、工具，將書中的創造搬進自家空間裡，相信您都能夠得到深刻的療癒，一起感受習花之人，與花相遇共處的美好時光。

台灣花店協會理事長

楊海瑲

善用自然的花藝彩妝師

　　認識張老師是在台北花博期間，有幸看到她在佈展時的風采，用色大膽，配材不流於形式，從此凡有花藝活動都看得到她的身影，每次的作品都有不同的風格，讓我大為驚訝。

　　最近台北市園藝花卉業職業工會邀請張老師來授課，學生的反應相當的熱絡，才知張老師不只佈展的功力了得，上課也是能深入淺出，妙語如珠，深受學生的歡迎，如今張老師出這本《活的花藝♥移動的花園》相信在花藝盆栽界也會獲得相當好的迴響，造福有心學習花藝盆栽專業知識者的指導專書！

台北市園藝花卉業職業工會 理事長

崔紗綵

秋葉濃情源自春樹貌美

　　花是美麗，是生活，更是文化，花藝的表現方式，既是源於生活，又是感悟自然，張滋佳老師作品，既有高山仰止，也有小橋流水，融匯春耕秋收，貫穿生命力量。感恩自然之賦予，解讀善良之內涵。品味人生優雅，播撒美麗種子。藝術有根，文化為魂。集傳統與現代之精髓，納生態與生活為一體。作品栩栩如生，令人遐想未來。憧憬幸福美滿，入境完美樂章。因此推薦她的作品《活的花藝 ❤ 移動的花園》與業內同行共勉，讓花藝愛好者借鑒，喚起大眾喜愛自然之情懷。

中國花卉協會零售分會會長

王茂春

享受自然帶來的美好時光

　　首先真誠祝賀老滋佳老師新書隆重推出。張老師為人謙遜，和藹可親，她對花卉和綠植的熱愛超越許多花藝人，她的執著和樂觀的工作態度令人敬佩，張老師的花藝作品博采眾長，豐富多彩，豐姿百態，貼近自然，貼近生活，形成了鮮明的特色。她讓生活變得更加精彩，給人們帶來了無窮的快樂和情趣。祝願在張老師的引領和指導下，讓花藝和盆栽藝術不斷推陳出新，不斷完善，不斷進步，讓大家用美好的心情，享受大自然給我們帶來的美好時光！

中國花卉協會零售業分會副會長、上海插花花藝協會副會長

人生半百花藝情

　　有幸閱讀張滋佳新作《活的花藝 ❤ 移動的花園》全書，深感一位熱愛花藝之人的堅持來之不易，這是一本很棒的花藝知識書，也是一本記錄花藝人成長的書，更是一本激勵廣大花藝人奮進的書。很棒的書，更棒的人。五十年的花藝路，五十年的花藝情，五十年的花藝夢，值得廣大愛好者閱讀。

　　我與張滋佳老師在一次花藝活動中相識，也是一位因花結緣的朋友，她熱愛花藝勝過生命，她的花藝作品富於靈性，她用善良和專業教育和感化了許多花藝人。願張滋佳老師的花藝滋潤更多人，願更多人成為最佳花藝人。

中國花卉協會常務理事、福建省花卉協會常務副會長兼秘書長

打造自己夢中的花園

　　與張老師的結緣因組合盆栽而起，我從事花卉種植與銷售快 20 年，對花藝組合盆栽的真正了解卻是從認識老師開始的。跟老師在一起目睹了老師對植物、花藝材料的應用，可以用化腐朽為神奇來形容老師在組合盆栽領域的造詣，讓我感受到老師與植物之間的默契。道法自然的創作手法，透過每件作品都能體會到老師與大自然之間的對話。組合盆栽帶給我們的不僅是活的花藝，還能讓我們感受到植物世界的變化。從生長，綻放，到頑強的活著，讓我們看到植物生命的奇妙。植物是大自然賜予我們的財富，享受其中，分享美麗是我們的幸福。

　　組合盆栽也被稱作「迷你小花園」，很多人心裡都有自己夢中的美麗花園，創意組合盆栽可以帶你進入一個屬於自己的植物世界，它的意境和美麗都是獨一無二的，讓我們一起去領略 350 個美麗帶給我們的精彩。

雲南秀海農業科技有限公司

創造美麗藝術生命

　　有人說不願意種花，因為害怕看到它一點一點凋零。可是，難道為了避免失敗，一切都不要開始嗎？人生何不如此：萬物皆有自己的使命，花開花落，它用剎那芳華，驚艷萬千生靈！

　　《活的花藝 ♥ 移動的花園》，從生命到藝術，張滋佳老師帶領我們，一步步去領略大自然植物特殊的意義，張滋佳老師不是看花的人，她是一個精緻的雕刻家，讓這一花一草一生靈，盡顯一生的美！

　　張滋佳老師不是造物者，她是一個溫柔的花藝師，讓她身邊的花草樹木，展現最好的一面！

　　就讓我們跟著她美麗的腳步，一起捻花惹草，創造美麗藝術與生命！

寧夏天地緣錦繡園林花卉有限公司、寧夏天地緣花藝生活館

我的花藝人生，不斷跨界演出

張淑佳

　　與花結緣50多年，擁有人生裡頭很多次的第一名，也換過多次跑道，唯一沒有離開的就是花卉產業，從花藝老師、咖啡廳老闆、花店老闆、景觀工程、園藝治療到現在，可以說是不斷在跨界演出了。

　　大陸的學員有一次稱我是「鋼貨」，說「金貨」、「銀貨」已不足以形容我的強韌，軟的硬的都能做；也有人說我是「魔術師」，怎麼一堆花材、資材、木頭竹子，在我手上兩三下就變出一個碩大的作品。

　　我想與花結緣50多年，用熱情與她交陪(台語，意為深交)，已磨練出我與花們的默契了。感謝花卉植物陪伴我一生，也感謝這一路上因花結緣的人們，因為有你們的支持，世界因花而美麗。

花藝的啟蒙來自小阿姨

　　我生長在一個農業時代跨工業時代的家庭，父母親共同遭遇過第二次世界大戰的洗禮，所以是一個非常傳統的台灣家庭，同時也是尊重各方文化背景在台灣長大的中華血統子民。母親與父親信仰是佛教以及道教，因此在佛堂裡供花，從小就耳濡目染。母親的兄弟姊妹非常眾多，小阿姨跟母親相差**20**歲，在印象裡就是一個非常時髦摩登的小姑娘，會打保齡球又是花藝老師。

　　在**10**歲那一年，我的父親意外去世，母親繼承了父親的雜項五金工廠，養育我們六個兄弟姊妹，當然小阿姨也在我們的族群裡面。因為這樣子的因緣巧合，我很小就接觸到了花藝。

在社區開啟了正式花藝課程

　　在我小時候的年代，台灣推動工業時代，大家從農業走向工業，當時的婦聯會，**YMCA**等單位，在社區在學校積極推廣第二專長，我就是在社區的活動中心接觸了我人生最早期的正式花藝課程。

　　當時活動中心教的是西洋花藝，我就在老師的教導之下有模有樣的開始玩起花藝來了，隨著作品數一一增加，小阿姨覺得我應該更正式的學習池坊花藝成為花藝老師。

一場意外車禍打亂了人生規劃

就這樣我又到了當時的池坊花藝私塾拜師學藝，多虧來自家裡非常大的支持，就在一半學習花藝，一半在正統教育繼續上課的過程裡，從國中一直到高中，不知不覺，池坊花藝已進入了我的生命軸心。

在高中畢業，大家正面對升大學的時候，我因為一個世界性馬拉松比賽"領袖而跑"必須到夏威夷參加比賽，賽前訓練花了我很多時間，不料卻在賽前訓練的過程裡發生了一場車禍。

這一場車禍改變了我所有的人生規劃！！因為車禍，我沒有升大學，沒有參加國際比賽；因為脊椎神經受傷，嚴重在醫院以及家裡大約調養的七、八個月方能下床走路。

在這個過程中，家裡給了我非常多的精神支持與復健的協助，然而健康之後的我，變成了一個失學又失業的人。

我只好就在自己家裡的五金工廠幫忙，也因為這樣，我的花藝老師告訴我，或許我應該出國學習更正統更精進的池坊花藝。經過跟家人半年的商量與討論，我在**20**歲那一年身飛往日本學花藝。

第一名畢業於東京池坊花藝學院

為了能夠更接近日本文化精神，更進一步理解池坊花藝創作，在日本的第一年，我進入了日本語學校學習日文，也用短暫的時間參加日文檢定，通過日文國家一級檢定合格的成績。

隔年順利的進入東京池坊花藝學院，學院的教學內容非常的豐富，週一到週五執行五天全天的花藝訓練，有分科別類的、也有個別的指導老師專科教導。

東京學院有三年制的學習課程，一生活教養科、二花藝師範科、三花藝研修科，留學生可以因應個人需要以及可以投入學習的時間，決定要在學院學習一年兩年或者是三年。

除了花藝學習之外，學校也安排了其他的課程讓學員們學習，如日本的書道、茶道、油畫等等課程。在學期間我也修了日本的書道以及茶道，同時拿到了證照。

我在東京花藝學院完整學習了三年的課程，也榮幸得以第一名優秀成績畢業於東京池坊花藝學院。

具備西洋花、東洋花、歐式花藝基礎

東京學院畢業之後,稍作休息我繼續,進入了京都池坊中央研修院進行兩年專修花藝的課程。也非常慶幸得以優秀成績畢業於京都池坊中央研修院。在京都池坊中央研修院的同時進修了歐式花藝,當然這也同時奠定了我西洋花、東洋花、歐式花藝的基礎。

我的花店生涯初體驗

在日本將近**10**年的生活,飛鳥終需回巢,就這樣我回到了故鄉台灣,雖然身上擁有多張學習證照,但是缺乏社會歷練;所以剛回到台灣的時候就在自己的住所,默默的教授池坊花藝,心中有很多的理想,但卻不敢投入實務開業的工作。

就在回國的第一年,經過三思之後,我開了一家花藝咖啡坊,當時也是台北市第一家花園咖啡坊。

一樓是咖啡廳,地下室是花藝教室。感謝當時我所有咖啡廳的客人,還有來到花藝教室成為花藝學生的學員們,支持著我往花藝的路上一步一步走來。

　　咖啡廳裡的常客是中華電信活動單位的主持人，因緣巧合的幫我引入了當時的中華電信，當起了中午休息時段的花藝老師。就在那期間花藝教室裡的學生提起了開花店的建議，就這樣一個美麗的巧合，我成了花藝老師，也順利了成為花店的老闆，開啟了我商圈的花藝人生。

　　我的第一家花店坐落在台北市永康街的小巷子裡，就在永康商圈裡，花店的名字就取為自然花意。因為喜歡自然界的花朵，因為喜歡花藝世界裡的道法自然，所以希望追尋花的意思，創作花藝的作品。

　　商圈的花藝生活確實不一樣，婚喪喜慶、送往迎來，都必須戰戰兢兢的，適時適地，服務客戶，特別的需求時，還必須為客人量身訂做創造獨一無二的作品。

　　商圈的世界裡，道法自然與春夏秋冬不再是設計方案的第一位，反而在商圈裡迎合客戶，要求創造商業價值，減少客訴是我們學習的功課。跟花藝學校以及花藝教室裡要傳播的生活美學文化，完全是截然不同的立場。

組合盆栽成為一生相伴的契機

創業初期，對商業模式非常陌生的我，在花店裡頭，佈置的有、池坊花藝的櫥窗，商店花禮的小花藍，還有當時沒有非常普遍被推廣的組合盆栽。

就這樣開始了我的花店經營路，同行的學姊推薦我參加花店聯盟當時的花之友，也就是現在的花綠小站花店協會前身。因為是初創期間所以我成了第一屆的委員，後來也成了副會長，一路走來，感謝所有人的成全，我這個花店菜鳥慢慢上路了。

在這個同時，我參加了台北市大安森林公園的聖誕花園佈置，開始接觸大型活動，開始展現我的花藝創作；同時期，台北市七星農業水利局也正開始在準備推廣組合盆栽。

當時計畫執行主任吳麗春老師經過永康街，看到我的花店已經在販售組合盆栽，非常熱情的邀約我參加課程，成為組合盆栽第一屆的種子教師。一切的因緣巧合，我成了全台灣第一期第一屆組合盆栽種子教師的種子班學員，也成了種子教師第一期的老師。

也是因為這樣的緣份，開始了一連串組合盆栽種子推廣的工作，從台北、台中、台南、高雄、很多個農政單位，我們都留下了足跡。也開始協助政府在"花綠in我家"全省**DIY**推廣生活花育組合盆栽，開始了生活綠美化的推廣，進而成立了組合盆栽推廣委員會與社團法人中華盆花協會結盟為聯盟單位。後來成為組合盆栽推廣委員會創會的副

會長，進而成為第二屆組合盆栽推廣委員會的會長，我也因此成為社團法人中華盆花協會當時的一位女理事，就這樣的我從花藝老師，變成了花店老闆，又增加了組合盆栽種子教師的角色，進而成為推廣組合盆栽的一份子，推廣組合盆栽進入社區，校園及一般生活。承辦組合盆栽比賽，任職評審，這一切成了理所當然，卻也不敢倦怠的工作。

奇妙的緣份～園藝治療

因為從事推廣組合盆栽的緣故，自己開始走入植物真正的生命之內，認識了非常多跟植物相關的不同行業別的朋友，生活變得更精彩，花店本職的工作之外，又增加了非常多的業外工作。

比方參加了士林官邸的菊展佈置、士林官邸花卉園藝館的生活花卉園藝教學、七星水利局於各個公園辦理的生活綠化教室教學、錫瑠基金會辦理的相關生活花卉教學、台北農業協會辦理的花卉農業推廣課程教學，就這樣，自己從花藝老師變成更多人需要的組合盆栽課程訓練老師。

花店的業務也多了更多的植物相關的服務與協助，比方室內植物的佈置、陽台小花園的佈置、個人庭園的養護與植物更新，就這樣發展業務增加了庭園景觀與造園的項目，這一切都是因為與組合盆栽結緣之後而創造出來的空間。

　之後，就有朋友們邀約一起去進修上課，組合盆栽推廣委員會也在十多年前第一次在金石堂接觸到園藝治療論壇的洗禮，理解到園藝治療治療與生活有非常重要的連結；當時文化大學剛好開立園藝治療課程，組合盆栽推廣委員會一行數十人就義無反顧的參加了這個課程，當然又是第一屆第一期。

　感謝園藝治療讓我的人增加了更寬廣的世界，看到更多的人生百態。

　園藝治療不是治療園藝景觀的任何一個植物，而是利用園藝景觀的每一植物讓人的身、心、靈、更健康。

　在拿到園藝治療結業之後我投入了園藝治療服務的工作，自己有許多的不足，但是抱感恩的心，我參與了多項的服務活動。伊甸基金會、天使之家、心燈啟智中心、盲啞學校、教會園藝治療課程、社區園藝治療服務課程、各大學院校園藝治療座談分享，花卉展覽園藝療癒花園佈置設計，也因為這樣受到其他國家的邀約。

跨界花卉園藝生活

　　我從社團法人盆花發展協會的理事成為理事長的同時，除了榮譽，自己肩上背負了更多的責任。原來只負責幫忙做設計的花藝師，變成要去參與日本新加坡中國大陸花卉展覽佈置的事，而是要把台灣的植物推廣出去的重要工作。

　　就在開始了從台灣把植物帶到其他國家做推廣表演，以及組合盆栽示範，延伸了許多的表演以及課程的邀約。因為不是在台灣，而且時空背景及文化差異也有非常多理解上的差異，多次的磨合之下，接受了每次不同領域的跨業論壇花藝以及組合盆栽表演。

　　也因為如此，陸續接受了中國部分地區花卉產業基地顧問邀約的工作。工作項目也因地區，企業的不同，接觸越來越多新領域的挑戰。

　　就這樣嘗試了大型花卉園藝市場的經營顧問、中國部分地區花卉博覽會大型景觀設計規劃佈置，以及花藝教育學校年度課程安排與執行規劃。

　　在捻花惹草的道路上與花草樹木相識，在捻花惹草的工作上與同行的人相遇，在捻花惹草的創作裡與設計理念相碰，然而在捻花惹草的生活裡一切歡喜自在，感謝生命，就這樣，我相信我會將這一份美麗的種子，散播在每一個我走過的每一個角落。

CHAPTER 1

分享花卉的美麗

美，使一個人的生命充滿聽覺、

視覺、嗅覺、味覺等各種不同心靈感受的庫存，

美其實是一種分享。

美是心靈的財富

美，常常是一種智慧，而非知識。

在現實社會中，我們常常要求孩子分數考高一點，賽跑跑快一點，用分數、數字來衡量競爭的結果。

「美，卻是看不見的競爭力。」

美，使一個人的生命充滿聽覺、視覺、嗅覺、味覺等各種不同心靈感受的庫存。美其實是一種分享。美是世界上最奇特的一種財富，越分享，就擁有越多。大自然中，從來不會有一朵花去模仿另一朵花，每一朵花對自己存在的狀態非常有自信。

美是獨一無二的，每個人都被賦予美的特質，是無可模仿的。當我們努力做自己，懂得平淡，我們會更懂「美」是生命的現在，過去和未來。

打開你的感官去感受：視覺、聽覺、嗅覺、味覺、觸覺，而後享受美好的感覺與感動。

春

武陵‧櫻花

夏

陽明山。紫陽花

新北市老梅。綠石槽

夏

秋

台北士林。大王蓮

秋

彰化菁芳園。落羽松

活的花藝 ♭ 移動的花園

南投。楓

冬

冬

武陵。銀杏

何謂組合盆栽

　　美麗的花朵總是使人愉悅和溫馨，綠意盎然的生活空間尤其讓人心靈舒暢、快意，讓生命更美妙的課題—認識組合盆栽。

　　組合盆栽是近年流行於歐美、日本，中國並深受應用推廣，適合容器栽培的都會盆花，也漸漸成為花卉市場的消費主流；

　　強調組合設計的盆栽組合，被推崇為「活的花藝、綠色的雕塑」，大量應用在現代空間裡，包括室內及室外。

　　經過巧手處理的動作，都可以稱為組合盆栽。造景、空間綠美化都可以算是組合盆栽的範圍。組合盆栽是植物與盆器、盆器與飾品的盆栽，花卉組合，最小的單位是一個植物加一個盆器，以此類推，數個組合成為一個小景，擴大到最大就是花卉空間，包括陽台、庭園、公園。

1＋1＋1

1＋1一棵植物加一個盆器，或是一棵植物加一棵植物，加到無限。

展覽的最佳展示元素

以蘭花為例，單品組合可以，多株組合也可以，多個組合變成一個大主題也都行，能充份玩出組合盆栽的無限創意。

展示空間，大景、中景、小景各有主題。

牆上的框，拆開來看是單一作品，合起來就是組合盆栽的裝置藝術。

幸福台灣味

　　這是一個用台灣阿嬤蘭花訴說的台灣味道。民宅大門口迎賓的黑松是家族精神的表徵，而老房子裡老奶奶的紅木床則述說著一個屬於台灣傳承的故事。

　　虎頭蘭、文心蘭、仙履蘭等相互爭艷，而一切的美麗則由蝴蝶蘭來代言傳達。

　　幸福的你請仔細看這幅景色有多少是你記憶中台灣的花草樹木，是否也譜出另一頁屬於你的幸福紀錄。

肉桂樹旁，瓜棚下的水井邊有著數不完農村婦女們家中趣事，棚下的九層塔、香蔥、紫蘇是家常菜的香料，瓜棚是閒聊的 VIP 室。

台灣阿嬤表現了老奶奶的紅木床，轉動的水車就像生命的輪，將永遠灌溉台灣
這塊土地，讓一切生命茂盛茁壯。

春暖花開，一年又復始

　　利用金色和紅色來展現新年喜氣的氛圍，使用台灣象徵福氣的蝴蝶蘭作主題設計，並選用最佳長壽。代表萬年青（幸運竹）來表現長壽。作品中使用當令的花卉如菊花、鳳梨花、海棠等春季的花，更利用台灣農布的點綴串聯來呈現濃濃的台灣味且又有時尚的手法，設計應用。幸福的你請仔細看這幅景色有多少是你記憶中台灣的花草樹木，是否也譜出另一頁屬於你的幸福紀錄。

黑色旋風

　　以黑色為主色調，大量空氣鳳梨，將生活中的日常用品利用改變使用手法，融入花藝設計，將生活空間轉換成另一種花卉藝術的空間。讓每一份天馬行空的創意，轉變成呈現眼前的生活花卉。這是一份屬於自然不造假的創作，讓我們一起想像走入雲端的腳踏車上是否載著屬於你我的夢想，就在那竹籬笆外，是不是有一片春天等著你來拜訪。

綠設計製圖桌

　　空間和生活一直是緊緊相繫的，而每天在工作的空間更是非常重要區域。

　　不管是什麼樣的工作，作業現場將是每天駐留最久的地方，那麼工作現場的空氣圍和舒適度將影響工作的效率和情緒效應。

花草樹木的花卉世界裡，有著神奇的安定力量。利用花卉創造出有生命的工作空間，讓芬多精激發你我深層的能力，成就最優質的工作領域。

　　這裡有鮮花的設計製圖桌、青竹的會談桌、雅致的花卉壁飾、玻璃水耕缸你喜歡哪一個？還是～～還是～～最愛小花園！

士林官邸菊展花卉園藝館佈置

　　每年在士林官邸入秋的時候，就是菊花展開始熱鬧的時候。

　　非常榮幸的承接士林官邸園藝館裡面的菊展主題佈置，所以說是以菊花為主題，在整個佈置的手法裡，有鮮切花的設計，還有盆栽的串聯組合佈置。

　　讓美麗鮮切花的花藝作品，與盆栽的生命力結合，成就了這樣一個兼具主題花卉欣賞又能長期觀賞的作品。

2017 故宮博物院國慶花車

　　國慶日是一個舉國歡騰的日子，代表故宮博物院設計一部在國慶大典禮的花車是非常的榮幸。

　　引用清明上河圖的場景加上中國有名的書法蘭亭序，作為國慶故宮博物院花車的設計主軸。

整部車沒有用一朵鮮切花，而是利用了所有的花卉盆栽帶根帶土帶生命，利用中國庭園佈置的手法將樹、花、水池、石頭、橋樑，巧妙的佈置在整個國慶花車上，也是**2017**年在國慶花車裡頭，展現最有文化素養的一部車。

桃園機場花卉佈置

　　桃園國際機場是台灣與世界各國交流的國際大門，在這一個特殊的空間裡，有自世界各國的來賓，在踏入台灣這塊土地時，第一時間接觸到台灣花卉的地點。在這裡，我們佈置了一個以台灣出口花卉為主的空間，因應不同的季節與節令主題，將台灣的蝴蝶蘭、觀花植物、觀葉植物，做出組合式的呈現，有花卉組合小品，也有大型作品的端景組合，用台灣美麗的花卉來歡迎世界各國的朋友來到台灣寶島，因應年節、聖誕節，也應景更換了盆栽的組合。

農曆春節 |

2017 寧夏銀川世界花卉博覽會：沙生植物館

　　6400平米的景觀利用沙生植物（沙漠植物），作為全區景觀佈置的要素，分為3大區塊—一區用陶盆呈現出居家園藝景觀花卉佈置的樣貌，一區利用胡楊木的樹幹表情跟沙漠氛圍來表現大漠強勁的生命力。另外一區只則是沙漠原生生態的自然景觀表現手法。

｜居家園藝佈置區｜

| 胡楊木根雕景觀佈置區 |

2017 年第 13 屆中國昆明農業國際博覽會

為昆明農業局佈置與農業生產為主題的佈置，設計元素利用了耕耘機與播種機還有穀倉作為農業的精神代表。

穀倉的頂上是豐收的穀物穀倉，運用稻穀全部黏滿，代表了五穀豐收。

作品裡面除了花卉之外，還利用了非常多當地的食材藥材以及蔬果（藜麥、三七、肉桂、靈芝、馬鈴薯、南瓜、玉米、茄子、辣椒），穀倉前面則利用花卉盆栽營造豐收以及田園生活的園藝氛圍。

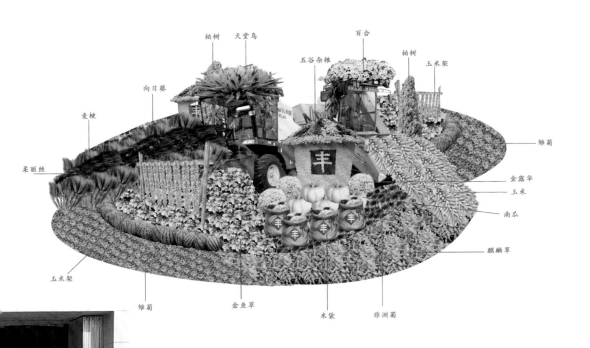

柏树　天堂鸟　　　　　百合
　　　　　五谷杂粮　　柏树
向日葵　　　　　　　　　玉米架
麦梗
　　　　　　　　　　　　　　雏菊
柔丽丝
　　　　　　　　　　　　金露华
　　　　　　　　　　　　玉米
　　　　　　　　　　　　南瓜
　　　　　　　　　　　麒麟草
玉米架
雏菊　　金鱼草　　米袋　非洲菊

CHAPTER 2

組合盆栽基礎知識

組合盆栽是指將許多樣植物經由設計舖陳種植於一個容器內，
或是將數種作品組合擺放在一起，呈現出植物本身特有的質感、
色澤、層次感、自然情趣、庭園景觀及線條變化的園藝創作作品。

組合盆栽的植物分類

　　各種植物所需的陽光日照不盡相同，大致來說，組合盆栽所使用的植物依大項來分有三大類。

依植物特性來分

①**全日照植物**，意指需要持續接受陽光照射達**6-8**小時，亦稱陽性植物。多數觀花植物、果樹、香草植物、水生植物、多肉植物屬此類。

②**半日照植物**，並非指接受陽光照射時間的長短，而是需要將日照光線過濾一半，比方全日照的環境用遮陰網遮掉一半，室內觀花如非洲堇或一些觀葉植物都屬此類。

③**耐陰性植物**，沒有直接曝露，但不代表完全無光度，一般是放到室內靠窗有人工照明補充的地方。

依空間需求來分

戶外植物 所有開花結果、葉子顏色會改變的，如：果樹、花、水生植物。

室內植物 蕨類、蘭屬，芋、觀葉植物。水耕植物則大部分是室內植物，
例如幸運竹。

戶外觀花植物：喬灌木觀花植物以及草花類觀花植物

喬灌木觀花植物例如：櫻花、大
花紫薇、紫薇、九重葛、玫瑰、紫
陽花、朱槿、杜鵑、野牡丹等等。

草花類觀花植物例如鳳仙花、
秋海棠、三色堇、千日草、金盞
菊、百日草、波斯菊等等。

觀葉組合盆栽：戶外觀葉植物以及室內觀葉植物

戶外觀葉植物喜歡陽光喜歡水，例如
觀音棕竹、變葉木、孔雀竹芋、五彩千
年木、檸檬千年木、百合竹等等。

室內觀葉植物有黃金葛、馬拉巴栗、
黛粉葉、羽裂川七、波斯頓蕨、山蘇等
等。

種植介質

　　介質分為對植物生長有利的生存性介質，以及為了美化視覺而用的裝飾性介質，善加組合搭配成為創造性的作品。

生存性介質

　　生存性介質是總括所有對植物生長有利的種植介質，例如市面上常見的培養土、砂粒、發泡煉石、珍珠石、碎石、蛇木屑、水苔……等素材，都是能讓植物長久生存在其中的素材，是栽種盆栽必備的材料。其中碎石可當介質也能作為裝飾性資材，例如蘭花中的虎頭蘭就採用碎石作為生存性介質。

發泡煉石　赤玉土　唐山石　珍珠石
泥炭土　蛇木屑　水苔　蛭石

椰子纖維
稻殼

水草

裝飾性介質

　　為了美化視覺而採用的物品稱為裝飾性介質，例如貝殼砂、染色水草、樹皮、琉璃石、彩色小碎石、石頭、彈珠、玻璃、珍珠……等等，主要用來增加盆栽和作品的豐富度，常使用於盆栽的鋪面，並非植物生長必要的要素。裝飾性素材範圍很廣泛，發揮創意尋找也是種樂趣。

碎石　　染色水草　　慕斯

染色彩石　　染色彩石　　染色彩石

貝殼沙　　米白石　　珊瑚石

麥飯石　　樹皮　　琉璃石

組合盆栽花器的基本形式

開放式花器

具排水孔盆器，組合時必需在排水口舖上防蟲網在放置小石頭或破瓦片。

半開放式花器

　　盆器的排水孔在盆高四分之一處，可承接少許水，調節介質濕度在澳洲及日本市場有販賣，台灣有引進，卻比較少被使用。

水耕式花器

　　以耐水性或水生植物為主，對消費的管理來說最為方便。

密閉式花器

　　無排水孔之盆器，如木器或藤器需先用塑膠布鋪底以區隔水份滲入，並在底部放置一層發泡煉石或粗顆粒的介質做為儲水層，亦可防止水外溢。

智慧型花器

　　有一個自動供水裝置，從盆器邊緣注入水，方便照顧，又能兼顧場所的乾淨整潔，因而稱為智慧型花器。

另類花器

非歸類於開放式與密閉式花器之外的花器應用。

盆栽飾品

　　裝飾品可以營造情境、氛圍以及故事性。有許多的家飾品也可以成為組合盆栽的裝飾品，也是因為這樣的結合，組合盆栽創造了產業鏈結裡的蓬勃發展。

常用的設計手法

1. 園藝手法

　　非常簡單的種植，只考慮植物的生命，把相同特性的植物種在一起，簡單來說就是把花草植物種好，所以要挑選日照、水份、管理相同屬性的植物組合在一起最為恰當。

芳香萬壽菊
鼠尾草
西洋芹
香蜂草
薄荷
天胡荽草

香草

草花：三色堇

黃金萬兩
紅、白網紋草

黃金葛（上）常春藤（下）

蘭花

2. 禮品包裝

　　花盒組合盆栽符合現代、宅配時代之時空背景的需求，創造出精巧方便攜帶，表達花卉花禮特殊贈送的主題，創造出禮物的即時效果。

3. 花藝手法

　　具有花藝技術者，可將色彩學、空間架構等設計手法，融入組合盆栽中，比方在聖誕花卉禮盒，增加珠串布置、緞帶結裝飾，對植物本身生長無直接幫助，但對視覺欣賞，有很大的加分作用，提升層次美感。

聖誕紅、檀香柏

左圖：大紅花蝴蝶蘭、小花蝴蝶蘭、長壽花
右圖：蝴蝶蘭、兔角蕨、紅網紋草

4. 造園手法

　　應用人類嚮往大自然的環境，加上人類舒適的休憩空間，結合成就了造園的條件。所以有休憩的涼亭、有方便人行走的步道、有小橋流水的營造、當然也有與石對話等等情境的營造，總結以上諸多的條件就是造園手法。

澳洲杉、黃金絡石、
金邊虎尾蘭

左上圖：滿天紅蝴蝶蘭、長壽花、嫣紅蔓

右上圖：羽裂福祿桐、黃金絡石、竹芋、紅網紋草

上圖：大木賊、海洋之星
下圖：澳洲杉木、多肉植物、紅網紋草、白網紋草

5. 情境設計

　　賦予其主題故事，營造出庭園景觀、綠色森林、熱帶叢林、海邊一隅等景色，
這些畫面的呈現都須由設計者巧手慧心佈置，創造出一片故事性的組合作品。

風中傳奇（筆筒蕨）、
山蘇、皺葉卷柏、
觀音蓮、波斯頓蕨、
鴨拓草、鹿角蕨、
百合竹

熱帶雨林

同樣的馬拉巴栗植栽，變換週邊的搭配物，瞬間就換了風格。

春

夏

圖：馬拉巴葉、火龍果（金鑽）

秋

冬

6. 容器堆疊

　　堆疊種植手法真正的功能在於可以將屬性不同的植物種在一個作品裡，因為花器的空間不同，介質也可以有所改變，是一個很好的創意種植法；可利用同性質花器的大小不同做高低層次的分隔種植，利用性質不同表情不一的花器堆疊做出分隔種植的表現。

白色火鶴、虎尾蘭、黃金葛、粗肋草、中國吊蘭、萊姆黃金葛、螃蟹蘭

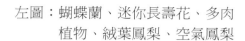

左圖：蝴蝶蘭、迷你長壽花、多肉
　　　植物、絨葉鳳梨、空氣鳳梨
左下圖：佛手芋、虎尾蘭、串錢藤
　　　　鸚哥鳳梨、迷你蝴蝶蘭
右下圖：蝴蝶蘭、冷水花

7. 綠雕、綠牆

　　綠雕可分為垂直綠牆、平行綠牆、造型立體綠雕，很多小植物堆疊出的大作品。垂直綠牆，靠著牆壁直立垂直下來，台灣既有的產品，一格一格的植物將植物種入，結合自動給水裝置。

　　立體綠雕，可做出城堡、人物、動物等各式各樣造型，用焊鐵工法將造型外觀做出，鐵絲網、介質和水草植入，將植物以崁入方式，內部架構空間用大型馬達做給水裝置。

上圖：展館形象牆　下圖：停車場入口（公共綠美化）

百變公主每天穿著華麗的衣裳，在皇宮中參加各式各樣的宴會，但在公主心中，最吸引她的不是派對的奢華熱鬧，而是花園裡盛開的花朵與蝴蝶，因此她常常在花園裡流連忘返。希望穿著千變萬化由花朵打造的盛服，就是她的夢想，讓我來為公主實現理想，成為百變公主吧。

將鐵架構的項鍊耳墜子掛飾架，經過改造變成種植多肉的小型綠雕，約**30**公分。

8. 商業花禮組合盆栽

將組合盆栽打破屬性跟種植概念，以鮮花創作色彩跟花卉禮品為第一考量，色彩必須漂亮，作品必須有可看性，符合經濟效益以及花卉禮品的目的性。不求長長久久的種植效應，而是提高花卉禮物的即時效應。

右圖：蝴蝶蘭、長壽花、常春藤、
　　　白紋草、合果芋

下圖：擎天鳳梨、蝴蝶蘭、長壽花、
　　　山蘇、達摩鳳梨、嫣紅蔓

左圖：火鶴、鹿角蕨

下圖：蝴蝶蘭、火鶴、
　　　白網紋、麗格海棠、
　　　長壽花、常春藤、

9. 水耕組合盆栽

　　水耕組合盆栽，包含了水生植物與水耕植物，用水耕的方式將組合盆栽設計在水域裡。

左上圖左下圖：佛手芋、合果芋、白玉黛粉葉

右上圖：大木賊、海洋之星

右下圖：太藺、瓶子草

左上圖：水耕植物／佛手芋、白玉、合果芋　　左下圖：火鶴、長春藤

右上圖：造霧水耕植物／澤瀉、美人蕉、斑葉蘆竹、銅錢草

右下圖：旺旺樹、苔蘚球

10. 環保利用

使用生日蛋糕的保麗龍盒當花器，回收再利用的概念，需先打出排水洞。

紫陽花、歐洲牽牛花

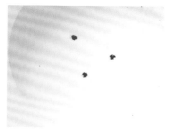

①開排水洞

②加大排水洞

③不織布剪成圓形

④不織布隔層

⑤加種植培養土

⑥脫盆種植

⑦切寬縫隙補土

⑧加種植培養土

⑨擺放植物

⑩必要時補土

⑪花器邊緣擦拭乾淨

⑫加上緞帶

組合盆栽的種植是有工序的

單種花卉組合

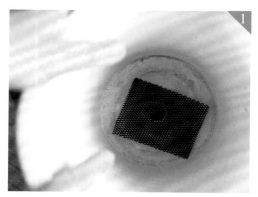
網片放置於排水洞上方

加入發泡煉石

補好發泡煉石

蓋上不織布

　　一般人認為組合盆栽就是把各類的植物組在一個盆子裡面就可以，當然廣義的來說並沒有錯。

　　但其實真對種植植物的屬性不同，需要的介植內容也不同，當然會有不同的工序產生。

　　尤其是對組合盆栽已經非常有概念，已經跳脫屬性相同進入到真正的混搭種植的組合盆栽，就必須要分層種植或者是分區種植的概念。

　　種植工序包含種植介植的調配，花器的應用以及區塊的展現設計。

確實補上培養土

開始放置植物

記得土的高度要在盆下一公分

陸續補土

多種花卉組合

①陸續加入培養土

②種植第一棵紫陽花

③種植第二棵紫陽花

④種植第三棵紫陽花

⑤整理土的高度

⑥從邊緣種植第一棵康乃馨

⑦陸續種植康乃馨

⑧調整康乃馨的高度

⑨沿著邊緣陸續補種康乃馨

⑩將康乃馨補滿

多層次組合

本作品利用了堆疊工法分隔種植以及植物屬性類別作為創作元素。

1.利用盆器作為堆疊工法的元素。

2.利用木頭和苔球呈現分隔種植的方式。

3.利用上下座的作品，將植物分為陽性植物以及陰性植物的呈現。

①將盆與盤盤做好堆疊位置，先在盆內加入培養土。

②將羽裂福祿桐種植到主位。

③將水沉木擺設到將來蘭花苔球要放置的地方。

④種上白紋草

⑤種上觀音蓮

⑥種上冷水花

⑦種上嫣紅蔓

⑧擺設蝴蝶蘭苔球

⑨下層加培養土種上兔腳蕨

⑩做出高低層次，而後將苔蘚植物鋪上

⑪將籬笆飾品擺設到作品中，作品完成

組合盆栽色彩概念

　　大自然中植物的顏色絕對不是單一元素，它是豐富多彩有層次感的。組合盆栽的組合裡面有三大元素：植物、盆器以及情境裝飾品。這三大元素就已經具備了顏色組合的選擇條件。植物無法只用冷色系、暖色系來區別，植物在四季中春夏秋冬變化。

1.可以用植物的顏色搭配來呈現季節性色彩。（從植物的色彩裡找到色彩元素，善加利用與色彩的整合）

2.可以利用裝飾品情境帶動呈現想要表現的故事情境（動物飾品、玩偶飾品、卡通人物飾品、世界標地雕塑品、蠟果裝飾品、各式香精蠟燭、鋁線裝飾品、緞帶結等）。

3.可以利用花器的質地顏色來呈現想要表達的設計質感（陶盆、水泥盆、木盆、藤籃、馬口鐵、鋁器、玻璃纖維、玻璃花器、自然樹木素材等）。

左上圖：荷包花　橙＋橘（可口）　右上圖：石蓮　銀＋灰（陽剛）

左下圖：長壽花　桃＋金（甜蜜）　右下圖：玫瑰　粉紅＋藍（清爽）

春天具有特性：早晨、多彩、豐富

夏天具有特性：中午、綠色多、彩度較亮、曝光度高

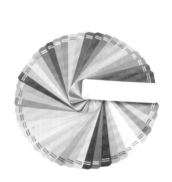

秋天具有特性：下午、豐收的顏色、橘黃色調、楓紅

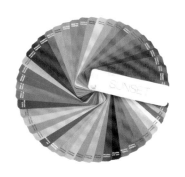

冬天具有特性：石頭、水、皮革、天空、樹幹、沉穩

色彩時鐘 pantone

美的10種形式原理

　　形式又稱為「構成」。是指物的形狀、結構，是探討一切事物的形狀和結構原理。

　　美的形式原理可歸納成十項形式原理，包括秩序、反覆、漸變、律動、對稱、均衡、調和、對比、比例、統一。

1. 調和

飾品、植物與花器的黃金比例約為 2:7:5，為不等邊三角形。

植物

飾品　　　　　花器

2. 反覆

　　相同植物重複的使用，例如火鶴是運用植物大小比例的差別性，綠色植物則是製造線條與色塊的效果。

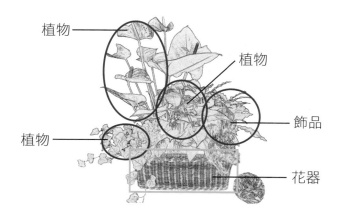

植物

植物

植物

飾品

花器

3. 律動

隨著盆栽大小，製造出像音符一樣的律動。

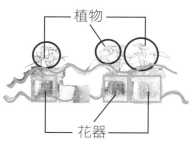

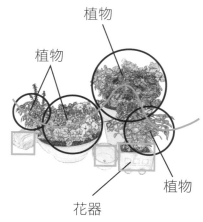

4. 統一

　植物屬性相同或器皿屬性相同，使用的元素一樣，有統一性，
例如：全部使用多肉植物、使用茶杯。

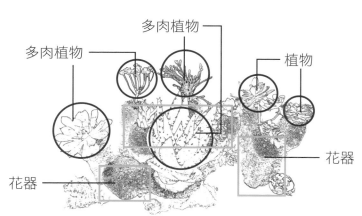

多肉植物

多肉植物

植物

花器

花器

5. 比例

可分三種，**7：5：3 →** 不等邊黃金比例，**3：3：3 →** 平均平衡，
7：3 → 強弱比例。

植物

植物

花器

6. 漸變

　　植物的表情、葉形，長短皆有不同，利用這些不同的元素，作為漸變的變化。

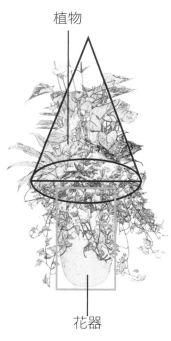

植物

花器

7. 對稱

左右兩側視覺對稱，比例也相當。

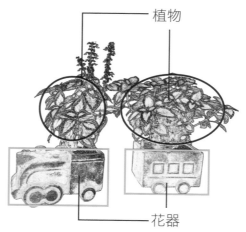

植物

花器

8. 秩序

單一元素有條不紊，像林樹一樣排列。

植物

花器

9. 均衡

視覺比例是$\frac{1}{3}+\frac{1}{3}+\frac{1}{3}$平衡，利用緞帶與常春藤柔化作品的線條。

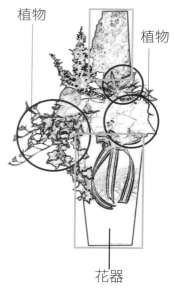

植物

植物

花器

10. 對比

　作品視覺的對比以視覺為主，質地色彩分上、中、下段或左、右、中間為區隔植物與花器。

植物

花器

左上圖：蝴蝶蘭、黃金絡石、卷葉山蘇　　右上圖：蝴蝶蘭、豬籠草

左下圖：蝴蝶蘭、山蘇

右下圖：蝴蝶蘭、擎天鳳梨、達摩鳳梨、嫣紅蔓、紅彩頭、山蘇、長壽花

CHAPTER 3

蘭花組合盆栽

蘭花在組合盆栽範疇裡佔了一個非常重要的角色，

早期花店業者在設計裡，蘭花主要是以鮮花做花禮設計的主要材料，

但是因為其壽命長且花朵美，除了切花之外，

蘭花的組合盆栽越來越切入花禮，成為組合盆栽裡的佼佼者。

種植介質不同

蘭花分為陰性蘭屬以及陽性蘭屬，各類蘭屬組合盆栽需要的種植介質不同，比方蝴蝶蘭需要水草，文心蘭需要蛇木屑，虎頭蘭需要碎石頭或樹皮，報歲蘭則使用花生殼。

文心蘭

蛇木屑

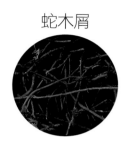

蝴蝶蘭

水草

石斛蘭

蛇木屑

碎石

仙履蘭

蛇木屑　　木塊　　水草

嘉德麗雅

蛇木屑　　水苔

虎頭蘭

碎石　　花生殼

報歲蘭

花生殼　　水草

陽性蘭屬

　　屬於全日照的蘭花耐日照能量比較高，多為亞熱帶蘭花科別，例如文心蘭，石斛蘭、虎頭蘭、萬代蘭、千代蘭等等。

虎頭蘭

石斛蘭

萬代蘭

文心蘭

左圖：虎頭蘭、長壽花、常春藤、黃金葛
右圖：虎頭蘭、海芋、火鶴、毬蘭

左下圖：文心蘭、蝴蝶蘭、黃金絡石、
　　　　白鶴芋
右上圖：文心蘭
右下圖：文心蘭、蝴蝶蘭、黃金絡石

陰性蘭屬

　　陰性蘭屬是耐陰性植物室內觀花，需要的溫度為**22度C**到**27度**之間的溫度為最適當，嘉德麗亞蘭、香蘭、一葉蘭、蝴蝶蘭屬於此類。

左圖：有如溫暖秋陽，暖暖人心／**蝴蝶蘭、常春藤**
右圖：清涼的夏季來了，增加了魚游水中的意象／**蝴蝶蘭、竹柏、毬蘭**

嘉德麗亞蘭　　　　　香蘭　　　　　一葉蘭　　　　　蝴蝶蘭

左下圖：可以單一元素就表現獨特，也可以成群結隊組合特質成就作品
　　　　／蝴蝶蘭、中國吊蘭
右下圖：畫框裡的悠情，兩小無猜／蝴蝶蘭、合果芋、多肉

左上圖：**蝴蝶蘭混色**　　右上圖：**蝴蝶蘭、合果芋、豬籠草**

下　　圖：分隔種植的花藝手法，生命介質與非生命介質的混搭／白花**蝴蝶蘭**、豬籠草

永生花與繡球花，
尤加利構成了非生
命介質的元素。

豬籠草與蘭花則種
在生命介質中。

容器＋應用

穿衣的概念，女人需要穿著
來表現美麗，花卉也是如此，
應用容器來表現氛圍、氣質。

左下圖：粉色蝴蝶蘭、
　　　　常春藤、冷水花
右下圖：蝴蝶蘭、常春藤

左上圖：色彩的協調，從花→器皿→飾品的色彩統一。油燈也可以變成花器，燃燒
　　　　成金黃的仙履仙氣／仙履蘭
右上圖：飲一杯清閒，賞一季悠雅／仙履蘭
下　　圖：翠綠中的金黃，跳躍的情懷，精巧是生活的另一種享受／仙履蘭、百萬心

CHAPTER 4

觀花組合盆栽

觀花組合盆栽從字眼看就可以理解是觀賞漂亮的花卉

以及美麗的顏色為主，

觀花組合盆栽簡單的說又分為木本花卉以及草本花卉，

絕大部分的觀花組合盆栽以戶外植物為大宗，

放置室內的話，必須是陽光比較充足的地方。

室外觀花

木本的花卉例如杜鵑花、仙丹、朱槿、紫藤、紫薇、玫瑰等等。草本的花卉例如四季海棠、麗格海棠、鳳仙花、千日草、鼠尾草、日日春、馬纓丹、矮牽牛、藍眼菊等等。

可食戶外組合盆栽、可食可賞
左圖：百合、麗格海棠、紫陽花、五彩辣椒、常春藤
右圖：鼠尾草、石竹、五彩辣椒、吊蘭

左上圖：紫陽花、長壽花、薰衣草、薄荷　　右上圖：合果芋、薄荷、設施菊白、紫

左下圖：白火鶴、夏菫、迷你日日春　　右下圖：魯冰花、薰衣草、孔雀草

色彩搭配改變溫度

- - - - - - - - - - - - - - - - ❦ - - - - - - - - - - - - - - - -

上圖：戶外草花的組合，色彩搭配無疑是靈魂之一，改變顏色，就變
　　　換了視覺溫度／白色鳳仙、紫鳳凰、黃色矮牽牛、紫紅色鳳仙
下圖：熱情紅豔的鳳仙花展現了熱陽光彩，換上了翠綠的長春藤，為
　　　夏天展現清涼快感／白色鳳仙、紫鳳凰、黃色矮牽牛、長春藤

盆器與盆栽的有趣互動

上圖：組合盆栽在植物與盆器的配置上，可以玩出趣味性。跳躍的海
　　　豚搭配一個簡單的陶盆，有如海豚出水的快樂鮮活了起來
　　　／海豚花
下圖：三色堇與彩葉草，與可愛造型的盆器，在小角落擺設中製造出
　　　對話的趣味／彩葉草、三色堇

色彩不同風情各異

同一種花卉，不同的花色，就可以搭配出無數的組合，以白色海芋為例，可單獨只有純淨的單一白色，也可以置換紫色、粉色，就能玩出很多色彩的遊戲。

左　圖：溫柔多情的白桃色系／
　　　　海芋（白）、仙客來
左下圖：高雅的白紫色系／海芋、鳳仙
右下圖：青春洋溢的白粉色系／
　　　　海芋、鳳仙

左上圖：清亮光彩的白綠色系／白海芋

右上圖：愛情的桃紅色系／彩色海芋鳳仙花

左下圖：嬌傲的黃紫色系／彩色海芋、歐洲牽牛花

右下圖：甜密的橘黃色系／彩色海芋、勳章菊

居家組合盆栽講求實用

居家的組合盆栽的是實用性，不一定要太多裝飾，反而是善用空間例如吊盆，或多層次花盆，都能為小小空間製造多彩的綠意。

右上圖：紅蟬、彩葉草、鳳仙

左下圖：勳章菊、美女櫻、金魚草、石竹、滿天星、四季海棠

右下圖：雪茄花

右上圖：重瓣歐洲牽牛花、
　　　　天使花
左下圖：麒麟花、朝天椒

節慶花禮善用飾品

具有佈置主題的強調，使得組合盆栽具有花藝般的節慶意味，例如聖誕節佈置；增加緞帶、卡片，和具有節慶味道的裝飾品，就是非常有 FU 的花禮組合。

左下圖：高大的冰淇淋紫陽花，搭配彩色海芋，就像花園裡的花精靈一樣，美麗多彩且賞花期很長／冰淇淋紫陽花、海芋（彩色）、藍眼菊

右下圖：利用花藝的手法將禮盒與組合盆栽在一起，等於是一個複合式的產品，這個作品是組合盆栽加上永生花花禮盒，不突兀且一魚二吃／菊花、火鶴、常春藤

左上圖：白鶴芋，火鶴蘭，吊蘭搭配在一
　　　　起，放在半日照的環境裡，賞花
　　　　期很長，是一個非常良性的花卉
　　　　禮品同時也是非常好的居家組合
　　　　盆栽應用／白鶴芋、火鶴、春蘭
　　　　葉、雪茄花、多葉蘭
右下圖：戶外的觀葉植物很少有這麼樣柔
　　　　軟的色彩，作品後方的花朵其實
　　　　是多肉的花，開花期為 1 週左
　　　　右，相當難得；與粉色合果芋搭
　　　　配，顏色相得益彰／春蘭、粉紅
　　　　佳人、合果芋、多葉蘭
左下圖：菊花、天竺葵、三色菫

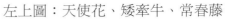

左上圖：天使花、矮牽牛、常春藤
左下圖：白鶴芋、彩葉草、海豚花、矮牽
右下圖：彩色海芋、毬蘭、黃金絡石、情

科技新潮的組合盆栽

因應新時代與科技的進步，目前市面上已經研發出 LED 燈的燈飾裝置，插座口為行動電源，即可使用，非常便利也非常環保，且具新奇和觀賞價值。

左上圖：檀香柏、多肉、雪茄花、冷水花
左右下圖：檀香柏、小黃蘭、觀音蓮、冷水花

室內觀花

室內觀花以火鶴為主，應用也最廣泛。

古典花器以火鶴為主，搭配竹芋及觀葉，典雅脫俗
／火鶴、黃金葛、竹芋

應用花器本身的色彩，引用來取決於植物的顏色利用，讓作品的植物與瓷器有合而為一體的感覺，金黃與橘紅的色彩融合／火鶴、蝴蝶花、孔雀竹芋、長壽花、百萬心、常春藤

同樣的花卉素材與擺置，不同花器就展現不同風格。

左上圖：中式花器如木頭、藤球／擎天鳳梨、火鶴、鳳尾蕨

左右下圖：火鶴(各色)、鴨拓草、吊蘭

組盆手法相同，利用飾品的特質卻可以呈現不同情境。

上圖：為自然風情／火鶴、常春藤

下圖：營造情境為海邊＋沙漠的沙灘氛圍／擎天鳳梨、黃金葛

龍柏、聖誕紅、卷柏、常春藤

左上圖：聖誕玫瑰、鳳尾蕨　　右上圖：聖誕紅、銀葉菊、常春藤
下圖：檀香柏、黃金絡石、絨葉鳳梨、鳳尾蕨藤

左上、下圖：聖誕節組合盆栽（可三面觀賞的組合盆栽）／檀香柏、聖誕紅、
　　　　　銀葉菊、紅竹、常春藤

右上、下圖：花藝設計組合盆栽：（兩面皆可觀賞）跳脫傳統，不是把植物種
　　　　　在盆子裡，而是把植物崁進藤球裡／聖誕紅、卷柏、常春藤

CHAPTER 5

多肉組合盆栽

多肉組合盆栽包含了仙人掌，
是時下年輕人喜歡的植物，
當然也是非常多學習植物種植入門的人，
最愛的綠色寵物。

壁掛式多肉風情牆

粗獷型的多肉組合盆栽，從植物的外型來看多是屬於大型、粗獷或霸氣。

而花器也多半是粗糙、原生態（樹木、根、幹）或大作品。

因應垂直綠化以及牆面綠美化的元素的需求，壁掛式組合多肉盆栽是非常多年輕人喜歡的作品。

粗獷中的沈穩

利用大型的樹幹以及蛇木柱自然的氛圍，將多肉植物崁入樹幹中，有一份確實生長的表情，展現植物沉穩的樣貌。

粗獷中的沈穩

❦

下圖：方塊形的石頭上崁入圓形跟放
　　　射型的多肉植物呈現出幾何圖
　　　形的表情，但因為石頭方方正
　　　正，沉甸甸的質感，讓這個作
　　　品感覺到穩穩當當的陽剛氣質。

粗獷中的細緻

鋁線是一個非常具裝置性質的金屬材料之一，非常好玩又具獨特性。鋁線有非常多的顏色以及各種不同的粗細，創作者可以依顏色以及粗細的不同，去創造出獨一無二的裝飾飾品。

寶藍色的威士忌酒瓶加上金黃色的鋁線，讓整個瓶身變的非常奢華且富
設計感，多肉植物也可以玩得很華麗。

精緻型的多肉組合盆栽，表現手法比較精緻，具有強烈的手感，不少具有花禮的效果。

生活裡的任何一個器皿都可以稱為多肉的家，酒瓶、酒瓶架、花器，甚至於變成多肉花束。

組合盆栽可以玩得非常有情境感，只要改
變了裝飾的飾品，那麼故事性就不一樣了！

新科技創意組合

【生物保水磚】是經過奈米黏合高溫燒製而成的無機產品，不會出現發黴、生蟲、腐敗現象，比重也比傳統的任何綠化產品輕、容易加工，是屋頂綠化及垂直綠化首選產品，有較強的吸水，保水、節水、淨水、滲透水，並且具有重量輕等特點，用來做組合盆栽也非常適合。

多肉花禮組合

鮮花有花藍花和盒，多肉也可以如此仿效，作品可愛，觀賞時間又很長。

種植植物的時候可以一個植物再加上一個植
物，而設計創造的時候也可以利用飾品、架構
、再加上手感精品，組合出開心的創作。

正反面都可以欣賞的作品。

玩趣型

單一元素可愛換衣，就像幫洋娃娃們換衣服一樣，開心種肉肉。

多肉的可愛，加上盆器飾品的相襯，令人愛
不釋手，難怪多肉組合盆栽被稱為療癒系。

CHAPTER 6

觀葉組合盆栽

多數人們都希望生活在綠意盎然的美麗空間，

但礙於現代人的生活空間的中央空調設施成了建築物主要配備，

很多建築變成沒有陽台窗台。

那如何把綠意引進室內呢？室內觀葉植物成為室內綠美化最大的綠色能源之一，

尤其多種觀葉植物的盆栽組合，那就更能欣賞多樣色彩及形態，一盆數得。

室內觀葉

這是一個呈現三面都可以觀賞的作品，從正面側面都有欣賞的焦點。

佛手芋、觀音蓮、合果芋、粗肋草、山蘇

上圖：山蘇、黃金絡石、金邊虎尾蘭、松蘿
下圖：鐵線蕨、大岩桐、常春藤、紅網紋草

上圖：芃根、紅網紋草、孔雀竹芋、
　　　山蘇
右圖：芃根、紅網紋草、孔雀竹芋、
　　　蝴蝶蘭
下圖：觀葉植物

上圖：芫根
左圖：冷杉、黃金絡石、竹芋、長壽花
右圖：狀元紅

室外觀葉

室外觀葉植物應選擇喬木、灌木、全日照植物來做組合盆栽的配置。

左上圖：肯氏南洋杉、長壽花、冷水花、觀音蓮
右上圖：馬拉巴栗、黃金絡石、長壽花、冷水花
左下圖：火鶴、檀香柏、黃金虎尾蘭
右下圖：羅漢松、芎根、串錢藤

左上圖：串錢藤、長壽花、鳳尾蕨
右上圖：天堂鳥、太藺、白網紋草
左下圖：山漾木、木賊、馬拉巴葉、白網紋草
右下圖：阿波羅、鸚鵡鳳梨、山蘇、白玉、天竺葵

右上圖：楓

左下圖：美鐵芋、黃金葛、長壽花、豬籠草、
　　　　中國吊蘭

左中圖：檸檬千年樹、紅竹、長壽花、豬籠草

右下圖：瓶子草、豬籠草

| CHAPTER 7 |

商業花禮組合盆栽

將組合盆栽打破屬性跟種植概念，以鮮花創作色彩跟花卉禮品為第一考量，
色彩必須漂亮，作品必須有可看性，符合經濟效益以及花卉禮品的目的性。

不求長長久久的種植效應，只求花卉禮物的即時效應。

皮革禮盒

是一個必須符合現代感、摩登的作品。

在設計之前先考慮皮革質感以及防水措施，再進行植物的配置與色彩的搭配，

上圖：蝴蝶蘭、國蘭、蛤蟆海棠、串錢藤　下圖：混色火鶴

榮升賀禮

榮升賀禮設計時必須考慮的是，放室內的機會非常的高，適合室內擺設的植物
為設計考量，選擇色彩鮮艷與意喻良好的植物來配置。

上圖：蝴蝶蘭、山蘇、長壽花、白玉、粗肋草、黃金葛
左下圖：火鶴、蝴蝶蘭　　左中圖：蝴蝶蘭、火鶴、金枝玉葉（大陸名稱）
右下圖：蝴蝶蘭、火鶴、黃金葛

入宅佈置

入宅組合盆栽兼備喜氣之外，必須符合對方居家設計，以及佈置的氛圍，作品不用太大，但必須切合對方的居家空間與格調。

左上圖：蝴蝶蘭、天堂鳥、黃金葛、嫣紅蔓
右上圖：天堂鳥、福祿桐、嫣紅蔓、七里香、雪荔
左下圖：羽裂福祿桐、山蘇、黃金葛、皺葉卷柏
右下圖：粗肋草（多色）、串錢藤

左上圖：火鶴、山蘇、合果芋、彈簧草、常春藤
右上圖：火鶴、百合竹、山蘇、聖誕紅、彈簧草、常春藤
左下圖：火鶴、兔腳蕨、山蘇、橙心花、百萬心、卷紋秋海棠、彈簧草
右下圖：火鶴、長壽花、彩色海芋、香草藤

左上圖：仙履蘭、薜荔　　右上圖：蝴蝶蘭、長春藤

左下圖：蝴蝶蘭　　　　　右下圖：毬蘭、天竺葵、菊花、長春藤

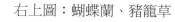

左上圖：粗肋草、千年木、蝴蝶蘭　　右上圖：蝴蝶蘭、豬籠草
左下圖：火鶴、百萬心、空氣鳳梨　　右下圖：蝴蝶蘭、鳳尾蕨、冷水花

節慶賀禮

因應節慶的主題，選定好種植用的花器，再選定恰當的植物組合。

例如：聖誕節紅色的花器，三角形的香檀香柏，圓形的聖誕紅加上三彩緞帶，
　　　聖誕節的氣氛就表現無遺。

左上圖：彩色海芋　　右上圖：海芋、常春藤、長壽花

左下圖：香蘭、波斯頓蕨、報春花、鳳尾蕨　　右下圖：迷你雞冠花

左上圖：火鶴花、檀香柏、黃金絡石、大空氣鳳梨
右上圖：檀香柏、聖誕紅、白鶴芋、黃金葛、吊蘭
左下圖：檀香柏、聖誕紅、白鶴芋、吊蘭、黃金葛
右下圖：火鶴、阿波羅、毬蘭、仙客來、波斯頓蕨、黃金絡石

情人節賀禮

情人節是必須有情境設計、概念的作品，在設計的氛圍裡盡量有心型的設計元素或者有雙雙對對的呼應元素，就容易呈現出情人節的氛圍。

左上圖：常春藤、玫瑰、仙客來、報春花
右上圖：玫瑰、黃金絡石
左下圖、右下圖：多肉禮盒

左上圖：蝴蝶蘭、火鶴、黃金葛、常春藤、豬籠草
右上圖：蝴蝶蘭、白鶴芋、大岩桐、粗肋草
左下圖：蝴蝶蘭、冷杉、文心蘭
右下圖：香蘭、蝴蝶蘭、長壽花、常春藤、粗肋草

開幕賀禮

開幕組合盆栽的設計要素，盡量配合對方的商業營業元素去設計。

例如：珠寶店就必須選擇花器跟珠寶商品接近的質感，盡量精緻貴氣。

例如：健康食品餐廳，盡量考慮與健康相關的花卉植物來設計，使用的容器也
　　　與健康生態有關，當然盆栽設計也必須喜氣大方。

左上圖：火鶴、觀音蓮、螃蟹蘭

右上圖：火鶴、常春藤、毬蘭、黃金葛、彈簧草

左下圖：卷葉山蘇、金邊虎尾蘭　　　右下圖：擎天鳳梨、山蘇、粗肋草、串錢藤

左上圖：蝴蝶蘭、觀賞鳳梨、常春藤　　右上圖：蝴蝶蘭、白網紋、黃金絡石
左下圖：蝴蝶蘭、波士頓蕨、小花文心蘭　　右下圖：蝴蝶蘭、粗肋草、中國吊蘭

左上圖：合果芋、長春藤　　右上圖：粉色合果芋、波士頓蕨

左下圖：仙履蘭、天竺葵、鳳尾蕨、多葉蘭

右下圖：蝴蝶蘭、白網紋、紅網紋、長春藤、長壽花、卷柏

餐桌創意組合

加入美式或歐式餐桌設計的元素，將桌子，餐盤，餐具，椅子，都視為設計的
要素之一，呈現出餐桌上可口美味色彩豐富的特質。

左下圖：仙客來、冷水花
右下圖：仙客來、冷水花、毬蘭

上圖：長壽花、石蓮、多肉

CHAPTER 8

居家玩趣盆栽

相異於鮮花較短的欣賞週期，

盆栽受到居家青睞的程度很高，盆栽陪伴主人的時間較長，

只要用心了解植物的生長習性，隨性換上盆器和植栽，

很簡單就能善用組合盆栽變換居家色彩，增添綠色生命。

客廳

　　客廳是居家環境中最被重視的空間，也是家人生活、賓客來訪的主要場域；相對的，對花草盆栽而言，也是所有住家空間中，最具表演與欣賞特質的場合，可正式可休閒的風格彈性，讓人天天都想在客廳佈置一盆花！

盆栽原則

位置

　　較現代派的客廳，沒有桌子僅舖有地毯，在設置落地式花卉佈置時，務必考慮密閉式花器，若使用開放式花器必需加置底盤，便利澆水。

光線

　　客廳靠近落地窗，座向是一個考量。南北向的光源比較少，東西向的光線充足，可以選擇比較種植全日照或半日照的即可開花的花卉，與所有喜陽性觀賞植物。

動線

　　是人與人溝通的空間，應該是以人為本，花卉佈置為輔，不要影響人的行動與生活習慣。如果是桌上盆栽，注意高度不要影響到觀賞電視，若是小茶几更應以精巧為主；如果放在矮櫃上，要盡量避免造成動線不便。

大小

　　盆栽佈置的成品大小，會依佈置的位置調整，建議落地盆栽不要高過全牆面的2/3，譬如屋高300公分，選購盆栽的高度即只能到達200公分，必須保留植物生長的空間。

咖啡小樹盒

春不老摩登帽

收納用的方型盒，輕改裝將貝殼黏在已經掉落的鎖頭位置，再種上幾株咖啡樹苗，就成為孩子最喜愛的種子小盆栽。

陽光遍灑進來，觀海的悠閒心情打開，株株分明的春不老小盆栽，在小茶几上也湊一腳，分享喜愛自然人兒的好心情。

小盆栽混搭遊戲

想要嘗試組合盆栽，從觀葉植物
和仙人掌下手最簡單，只要注意
把握高、中、低的植物皆有安排
的原則，就從花市特價的小盆栽
盡情混搭吧！

粉紅佳人火鶴盆栽

四季皆可觀賞的火鶴盆栽，除了熱情的火紅色，市面很多淺色或小巧新面孔，將她珍惜種入陶螺貝中，好好欣賞。

五指多肉峰

與蛋型貝殼十分合拍的多肉植物，適合造型鮮明的特殊盆器，動動腦找出家中的寶物種入，會顯得更加親近生活記憶。

長青盆栽居家風

相同的花器，換上不同的觀葉植
物佛手芋及袖珍椰子，搭配可愛
的布偶熊，就有二種風情。

觀葉自然的簡單線條

造型強烈的木製盆器，不需要太
過鮮豔或誇大的植物，佛手芋簡
單線條的植物反而更能襯托出整
件作品，讓視覺的焦點不分散。

多層次組合盆栽

低調內斂的陶器，圓弧狀的造型搭配
耐種易照顧的植栽馬拉巴栗，絨葉鳳
梨，火龍果，以清爽多層次的顏色，
組合成一盆耐人尋味的室內綠意。

品一杯香醇綠意

茶桌裡有許多汰舊的茶杯，古韻猶存，
拿來種植酒瓶蘭，火龍果，以植物代
茶，居然別有一番風情，馬上成為眾
人的驚呼焦點呢！

轉換視界的樂趣

①一手輕拉白鶴芋，一手擠壓塑膠盆，將植栽脫盆。

②將植栽放入陶碗中，在剩餘空間補滿培養土。

③培養土填滿稍加壓實，在土表鋪上貝殼砂裝飾。

原本有點煩惱的木頭造型花器，配上質感古舊的陶碗，搭配起來意外的自然，是一種轉換生活的小小成就感。

房間

房間是居家環境中佔比極大的空間，不管是臥房或書房、工作室等各式形式的房間，都是家人生活其中的重心所在，而隨著使用的時間和用途不同，在佈置花草的原則也略有差異；不變的是，那份把花草帶進生活空間的愉悅和享受。

盆栽原則

位置

梳妝台、收納櫃、床頭櫃、書桌……房間裡的花佈置台面，隨著每位使用者的身分而變，特別提醒要放在可經常看得到的位置，否則種了花，卻忘記照顧未免可惜。此外，擺放位置也牽涉到植物的選擇，如臥房以休息為主，要避免顏色太鮮豔，或有強烈香氣的花；書房應準備清新有朝氣的植物，幫助提振精神。

光線

房間通常都有窗戶的設計，只是會依週邊環境影響採光條件，一般擁有的光照條件從半日到耐陰較多。因此，建議選擇需光性不強的盆栽，或耐陰性強、可以接受紫外線不足的花花草草。

動線

每個人待在房間的基本習慣，不外乎梳妝、更衣、閱讀等日常作息，會有使用機率較高的地方，擺設花草時應避免放在容易被撞到的地方，例如衣櫥邊、門口旁、書櫃、梳妝台等週邊。尤其，避免放在進出房間都會開的燈具開關，容易因粗心而揮落植物。

大小

房間裡適合擺放花草的地方，多以桌面為主，因此建議以可一眼看得清楚，屬於比較小品精緻的佈置，複合考量其他光線、位置等條件。

房間是應用時間頗多的空間，
將綠色引入室，可以為生活帶來生趣。

放空養神的多肉沙漠

緊盯電腦成為現代人無法避免的生活，那就暫時躲起來吧～躲進不會有人靠近的沙漠，給腦袋一點時間的歇息和放空。

①底部有排水孔洞的盆器，鋪上不織布，防止土壤流失。

②倒入培養土，高度以剩下待移入盆栽的土團為止。

③用筷子將三種仙人掌移植，過程中應注意避免被刺傷。

④覆土將土團空隙確實補滿，並在表土鋪上貝殼砂即可。

書架上的小庭院

①先在盆器中倒入培養土，高度以剩下待移入盆栽的土團為止。

②依序將植物脫盆、植入，想像是迷你庭院的造景。

③覆土將土團空隙補滿，並在表土鋪上藍色琉璃石。

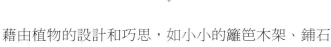

藉由植物的設計和巧思，如小小的籬笆木架、鋪石造景運用，同樣也能在居家環境中，想像感受那種愜意、盡情發揮的樂趣。

④在翡翠木下方，以牙籤交叉排列出一排圍籬，小小庭院的氛圍就出現了。

浴室

　　浴室是每天都會進出停留的空間，既是洗滌一身疲憊的去處，也是親子家庭另一個增進感情的小天堂。在這樣的環境裡佈置花草植物，可以刺激身理和心理的放鬆狀態，隨手澆灌的動作，也為生活培養了另一種慣性呢！

盆栽原則

位置

　　由於浴室裡的水蒸氣比較多，在佈置花草的時候，要以放在距離熱氣遠的地方為原則，例如洗手台、收納架、鏡面等位置。基本上，有窗戶的浴室，水氣排除比較快，不僅有助於盆栽，鮮花的保鮮度亦會較優；無窗戶的浴室，就必須選擇耐陰耐濕的植物，否則養護會比較困難。

光線

　　一般考量僅止於是否為安全沐浴空間，極少數會注重自然光源是否足夠，對於植物最重要的部分卻最被忽視。因此需視浴室是否有窗戶或氣窗設計，可讓日光自然引進，如光線不足可選擇蕨類植物，較能耐高濕耐陰，或是花葉厚實的植物。

動線

　　純粹以佈置空間功能來考量，浴室通常不考慮落地式、大型盆栽，影響行走動線；建議在常使用器具的週遭，如洗臉台，或鏡面、牆壁，與窗台上，也可以使用吸盤花器，較不會妨礙活動。

大小

　　浴室空間一般僅足夠使用，剩餘空間大多為零碎、狹小的位置。因此，選擇佈置的植栽和鮮花通常以單一、小盆為主，不但能為空間畫龍點睛，也不影響生活機能為優先考量。

翠綠配送的小推車　　　　　　　　晶瑩剔透水中綠

把原本收納雜物的推車架，改成植物的臨時新住所，依照每天使用心情，讓小推車跟進跟出、或是放在淋浴室旁，就像是翠綠直送的專用小推車呢！

風姿綽約的鐵線蕨，是許多人最喜愛的蕨類植物，不能接受強光和需要充足水氣的特性，正好適合佈置在陰涼的廁所。利用簡單的玻璃瓶，搭配清透的琉璃石，就能將葉片的嫩綠表露無遺。

淋浴間的植物好朋友

素燒陶會將多餘水分排出，運用在多濕環境的浴室頗為適合，選擇需光性較低的觀葉或蕨類植物，輕鬆用陶盆水耕，就是浴缸旁的盎然生機。

①因此款素燒陶中間有縷空處，必須先在盆器內部鋪上一層玻璃紙。

②口徑較小的盆器，可先倒入水，讓水的重量迫使玻璃紙在內部撐開。

③將超出盆口的玻璃紙修剪掉，再加入洗根完成的植株即完成。

絕對自我的手作紋飾

自由度很高的鋁線，可以隨心所欲創造出想像中的紋飾，為單調的盆栽加分，也能表現出自我特色。

①將鋁線拉過鑄鐵支架，先行固定以便後續施力。

②可直接將鋁線纏繞在筆身，拉出漂亮的圓圈圈形狀。

③鋁線要拉到另一邊支架時，要先打個圓從後面和前面固定，可避免一拉就鬆脫。

④若想製作同心圓圖騰，可用黏貼膠帶的尖嘴鉗旋轉施力，較不會壓傷鋁線。

⑤收尾時，切記將線頭凹折成圓或圖騰，由後到前固定在盆器上，以免搬動時被線頭割傷。

⑥視盆器大小，可拉多層鋁線設計，或簡或繁的圖騰表現不同的創意。

⑦在種植的玻璃器皿中，底部和側邊都先鋪一層水苔，在中間倒入培養土。

⑧陸續將植株脫盆，種入盆器中。

⑨調整好位置後，覆土並在土表鋪設青苔即完成！

窗台

　　窗台或陽台是家中最合適種植盆栽的地方，佈置前先觀察住屋的日照條件，是屬於「**8**小時以上的全日照環境」、「不足**5**小時、**4**小時以上的半日照環境」、「不足**3**小時、**2**小時以上的**1/4**日照環境」哪一種日照條件，再來選擇喜愛、想要種植的植物。

盆栽原則

位置

　　在所有居家空間中，擁有較好日照條件的非屬窗台、陽台或落地窗了。

　　不管是哪種形式的窗台，在佈置前都要特別注重借景部分，這在一開始進行盆栽種植時，就要先考慮植物彼此之間的高低層次，恰當的安排能讓內景與外景有所呼應。

光線

　　擁有最佳光線的窗台，只要觀察每天的日照時間和程度，就能挑選合適的植物。如開花性植物或結果性植物，必須要在全日照下，才能順利開花結果。

　　半耐陰性的開花性植物，如長壽花、海棠、新幾內亞鳳仙花等，即適合半日照的環境。真正接受陽光照射不超過**3**小時的窗台，只能選擇耐陰的觀葉植物。

動線

　　窗台本來就是屬於戶外式的空間，對於使用者而言，不會有太頻繁的生活動作，因此只要盆栽能穩固懸掛即可。若是陽台或落地窗，是個多功能的使用空間，有可能和晾衣正好在同一個陽台，就要選擇生長性低矮的植物。家中有養寵物的話，則可以使用高架式花台或吊盆。

大小

　　單純的花卉空間，只要注意設計造型不要太過於壓迫，以保留植物生長的空間，與保持室內外的空氣流通。在窗台的植物擺設，需要考慮到戶外風勢的問題，不建議擺設高大的植株；落地型則以空間的高度為佈置的考量，預留植物的生長空間。

長椅上的單純原始

落地窗前的長椅，慰勞辛苦一天的神經。貼心的在長椅旁，擺上一盆可以舒緩精神的盆栽，用素淨優雅的白瓷，單純呈現植物原始的樣貌。

①因盆器有排水孔洞，需先在底層鋪上一層不織布，避免土壤流失。

②接著就可倒入培養土，剩下到待移植盆栽的土團高度。

③陸續將植物脫盆、移植，先從高的植株開始種起。

④待植株位置調整好，就可在土團間的空隙確實覆土，就完成了。

把海灘搬進家中

運用別具風情的貝殼造型盆器，把渴望度假的念頭，轉化成佈置海灘風情的盆栽吧，放在涼風徐徐吹來的窗前，仍然可以感受到那屬於海邊的愜意！

①造型不規則的盆器，要確實將培養土填滿，預留待移植植物的土團高度。

②將植物脫盆、移植後，要記得覆土。擺放時，可在底部加放小裝飾物固定，避免花器動搖。

① 仙人掌需水性低，建議使用排水較佳的發泡煉石，更好養護照顧。先倒入發泡煉石到盆器的 1/3 深。

② 用筷子依序將植株植入，需確定根系完全種入發泡煉石中，避免影響生長不良。

仙人掌的冷氣窗驚喜

預留為安裝冷氣的窗口，就像是不可多得的靈巧空間，宛如小小的外推窗台，不如就種上一盆喜歡陽光的仙人掌吧。

③ 最後，可在空白處適當擺上貝殼或個人喜愛的裝飾品，增加植栽的豐富度。

草花盆栽的燦爛日子

陽光，在寒氣凍人的冬天，能看見金黃色的陽光斜照，就如同蓋上被陽光曬過的暖被一般，讓人打從心底都暖和了起來。沒有陽光的時候，也為家中組合一盆多彩繽紛的草花盆栽，放在落地窗前代替躲起來的小太陽！

①先倒入培養土，預留待移植植物的土團高度。

②接著，在中間先植入高度最高的鼠尾草。

③依序在四週植入金盞花、情人菊和銀葉菊。

④調整好位置後，在土表鋪上貝殼砂即可。

把心佇留在花草上

買了一組心形盆器，一直不知道該如何運用，在春暖花開，非洲菫正美，剛好符合三吋盆大小，移植起來輕鬆又快速，馬上就為窗台添了滿滿的心意！

①因盆器有排水孔洞，需先在底層鋪上一層不織布，避免土壤流失。

②依序將植株脫盆、移植。

③因土團高度與盆器相近，可直接放入後再倒培養土。

④待確實覆土後，在土表鋪上貝殼砂即可。

廚房

廚房是全家人使用相處，僅次於客廳的居家空間，也是照料全家飲食的忙碌戰場，在這裡，家人們會自然傾吐每天生活的點點滴滴，回到最真實放鬆的狀態。因此，這裡的盆栽佈置適合從生活趣味出發，營造輕鬆有趣的氣氛。

盆栽原則

位置

一般來說，廚房與臥房剛好相反，在這邊愈常使用的地方，愈不建議種植花卉，避免妨礙烹飪工作；還要避免在靠近爐火邊。吧台和餐桌則是優先選擇的佈置場所，另外像收納廚具或食品的廚櫃、牆面，雖然很常被注視卻不常被使用，也可以考慮小小佈置一番。

光線

廚房的光線來源有限，就算不是密閉式廚房，但是選擇佈置花卉的地方，往往仍是光線較差的地方，例如洗手台或櫃檯下，因此通常會以需光性少的水耕植物或鮮花為主。如果想要種植盆栽的話，建議將燈管改成植物燈管。

動線

這邊是家庭主婦的最大戰場，所以經常使用的工作台到火爐邊，在注重方便性的考量下，就不太適合佈置花卉；如果真的沒地方擺放，可以靠近牆面的零星空間為主，較不影響工作流程。

大小

需依照擺放的格局決定，餐桌上的擺設適合低矮大器的佈置，以不妨礙用餐擺盤、不遮擋用餐人視線為原則。吧台的佈置，可使用較大方長形的擺設；廚櫃空間有限，適合小品佈置，以不超過櫃子寬度的**2/3**為限。

當花草遇到食物

吧台是料理台和餐桌的小分隔島，如果將花草植物和食物結合，會激盪出什麼
樣的火花呢？既是擺盤設計，也是生活情趣，為吧台和全家人換一種心情吧！

①如果想使用造型特
殊、但底部有孔洞
的花器，可用熱溶
膠填補孔洞到滿。

②接著，馬上用和花
器同色系的膠帶黏
封住洞口，就完成
不漏水的DIY花器。

③將3～4種植物脫
盆，直接在花器左
側組合、壓實土團，
順便調整位置。

④最後，在土表鋪上
一層水草即完成，
花器右側可以擺放
食品裝飾。

①因瓷碗較深，先倒入
　一些培養土，倒至預
　留盆栽土團高度。

②中間植入較高的沙漠
　玫瑰，週邊植入松葉
　錦天和冷水花，要確
　實覆土壓實。

直率爽朗的配飯盆栽

單身族或租屋族的餐桌，大多是小巧迷你的活動矮
桌，小面積的桌面不適合擺設大型或花俏的花草，直
接用居家必備的大碗公，盛裝綠意滿滿的 3 種植株，
加上小籬笆的點綴，有種農家鄉村的直率爽朗。

③最後，架上小木籬笆
　資材即完成。

①先將待植入的盆栽，與花器
比對高度，稍微測量植株根
團與盆器的落差。

②在花器中倒入一層培養土，
高度就是剛剛測量的落差。

③先植入較高的提燈花，再依
序植入常春藤和絨葉鳳梨，
種植後要確實覆土。

④最後在表土鋪上貝殼砂，遮
蓋住土層，較為美觀。

流理台邊的小燈籠

有著小小燈籠的提燈花，配合造型各異的常春藤和絨
葉鳳梨，意外組合成一盆風格迥異、色系協調的盆
栽，讓觀賞者都因而精神了起來。

角落

　　隨著生活感越來越被重視，轉角、角落也逐漸受到注重。把平時收納家具與雜貨物品的地方，運用回收的空瓶空罐、閒置的容器，發揮創意變身花器，簡單輕鬆地利用花草來佈置一番，讓生活更加舒適。

盆栽原則

位置

　　角落空間並無限定位置，一般居家容易產生的角落，如樓梯間、房間門口、轉角處、層板平台，甚至牆面，都可算是居家角落。在意想不到之處佈置花草，反而有種細膩的生活感。

光線

　　以往轉角、角落常被空間使用者忽視，除了本身位於光線比較弱的地方，大部分沒有裝置光照設備，誤以為僅能裝飾乾燥花卉，或適應惡劣環境的多肉植物。其實隨著不同空間的條件，還是會有程度不一的散射光線，可針對光線挑選合適的室內植物。

動線

　　一般而言，角落多是使用者較不常走動的地方，空間夠大者可以擺放落地式作品，變化較多；空間狹窄或是牆面者，比較建議做立體式的盆栽佈置，以免行走時碰撞，可運用吸盤或是掛壁式花器，進行輕綠意點綴。

大小

　　擺設的植栽大小，與角落空間的大小和擺放場地息息相關。如果是讓人一眼即看見的場地，建議使用大型作品，跳脫出場域的特殊；若是小空間者，則可搭配特別營造的氛圍，擺設藝術品，來安排大小相稱的花器。

①將同樣尺寸的盆器正反
　黏貼，就會產生視覺變
　化。黏貼時建議以厚的
　泡綿雙面膠為佳。

②依序將植物脫盆、移
　植，種入盆器中。

③最後，可稍加覆土，並
　在土表鋪上琉璃石即完
　成。

腳邊下的**步步生機**

樓梯扶手下方不好利用，常衍生成堆放雜物之所，不
妨隨手運用小型盆器，搭配上各色室內植物，跟著樓
梯步步擺放，讓人行走時感受休閒生活感！

綠色生活調味料　　　　轉角遇見好運

誰說狹小的空間無法佈置，運用造型多款、小巧精緻的醬料碟，也能輕鬆幫植物換新面貌！選擇顏色和葉形差異大的植物種類，排開一列的造型，隨心情任意搭配順序，你想好今天要吃什麼口味了嗎？

過年買回來的開運竹，造型討喜一直捨不得更換，不如保留強健的枝條，繼續水耕栽種，套入比例適當的白色陶甕，更顯竹節翠綠鮮明，放在樓梯轉角處正可天天欣賞，提醒自己每天都會有好運到！

辦公室

繁忙的辦公室空間，只要悄悄地加入花草的柔軟身影，所產生的改變遠超過想像。植物的存在幫助舒壓心情，不妨選擇顏色清新、充滿元氣的花卉，創造一處放鬆心情的角落。

盆栽原則

位置

桌面往往要同時進行工作、打字、整理文件等多樣事務，所以不宜佔用過多桌面空間。要充分利用收納或牆面空間，建議若有凸窗或素淨的牆面，可以使用壁掛式或吸盤式花器，製造垂吊的綠意。

光線

一般辦公室的室內設計，多以人工光源為主，少有自然光源的引入；因此受限於光照條件，往往僅能選擇耐陰性高的植物，或是將植物定期放置在半日照的環境下，補充光線，避免徒長的現象產生。

動線

辦公室通常會有大量的資料及書籍，還有電腦與文具等，都是不能碰到水的器具，因此應盡量佈置在不會每天使用、但視線看得到的地方，可以迷你小盆栽來擺設，降低影響工作的可能性。

大小

既然辦公室空間有限，盡量避免大型或太高的花器，以不干擾到書桌上的種種活動為優先。如果有大型空間可擺設落地植物，除非是個人喜好，仍是建議以耐陰、耐旱植物為主。

注入綠意的書檔

凌亂的資料或書籍怎麼
收納？靈機一動，運用
小盆栽當做書檔，既可
以固定陳列的書籍，也
能隨時為久盯電腦的雙
眼，補充微量綠色畫面，
一舉兩得。

①此款盆器內部有上
釉，可防止水滲
出，很適合作為室
內盆栽的花器。

②先倒入少許培養
土，預留待移植植
物的土團高度。

③分別將兩盆植株脫
盆、移植。如植物
太大盆，可採用拆
盆方式，選擇適當
的枝條種入。

④最後，要將空隙處
完全覆土，在土表
鋪上貝殼砂，即完
成。

①因空紙盒並無孔洞，不適合碰到水，要先製做簡易防水層。先以熱溶膠或雙面膠黏著。

②將玻璃紙放入，以吻合容器形狀的方式下壓、黏合。

③接著，將外露出容器的玻璃紙修剪掉。

④因容器較淺，直接以筷子將植株植入，確定位置後再加以覆土。

⑤最後，可在表土鋪上貝殼砂和琉璃石兩重鋪面，增加變化。

謎樣女人香

把香水和仙人掌結合在一起，前所未有的搭配讓人眼睛一亮，擺在桌面上更兼顧到實用性呢。

茶水間的**幽默植栽**

狀似水杯的容器，與好
種耐看的觀葉植物搭
配，清新而素雅。把盆
栽擺放在茶水間，混雜
在眾多杯盤之中，為辦
公室製造另一種生活幽
默的話題。

①想用有孔洞的容器
種植，可選擇在下方
墊一淺盤，盛裝澆水
時流失的土壤。

②或是選擇以熱溶膠
封住孔洞、黏貼
膠帶，就可直接種
植。

③先倒入培養土，倒
到預留待移植植物
的土團高度。

④接著就可直接將植
物種入，並覆土、
鋪貝殼砂鋪面，即
完成。

海灘秋日豔陽

破盆也有春天

左上圖：白鶴芋、報春花、苔蘚　　左下圖：苔球、蝴蝶蘭、菖蒲、松羅

右上圖：百合竹、常春藤、聖誕紅、彈簧草　　右下圖：空氣鳳梨

別有洞天

海不枯、石不爛

活的花藝 移動的花園 組合盆栽全書

作　　者	張滋佳
社　　長	張淑貞
總 編 輯	許貝羚
美術設計	關雅云
特約攝影	陳家偉、蕭維剛
行銷企劃	曾于珊

發 行 人	何飛鵬
事業群總經理	李淑霞
出　　版	城邦文化事業股份有限公司　麥浩斯出版
地　　址	04 台北市民生東路二段 141 號 8 樓
電　　話	02-2500-7578
傳　　真	02-2500-1915
購書專線	0800-020-299

發　　行	英屬蓋曼群島商家庭傳媒股份有限公司城邦分公司
地　　址	104 台北市民生東路二段 141 號 2 樓
電　　話	02-2500-0888
讀者服務電話	0800-020-299（9:30AM~12:00PM；01:30PM~05:00PM）
讀者服務傳真	02-2517-0999
讀這服務信箱	csc@cite.com.tw
劃撥帳號	19833516
戶　　名	英屬蓋曼群島商家庭傳媒股份有限公司城邦分公司
香港發行	城邦〈香港〉出版集團有限公司
地　　址	香港灣仔駱克道 193 號東超商業中心 1 樓
電　　話	852-2508-6231
傳　　真	852-2578-9337

Emailhkcite@biznetvigator.com

馬新發行	城邦〈馬新〉出版集團 Cite(M) Sdn Bhd
地　　址	41, Jalan Radin Anum, Bandar Baru Sri Petaling,57000 Kuala Lumpur, Malaysia.
電　　話	603-9057-8822
傳　　真	603-9057-6622

製版印刷	凱林印刷事業股份有限公司
總 經 銷	聯合發行股份有限公司
地　　址	新北市新店區寶橋路 235 巷 6 弄 6 號 2 樓
電　　話	02-2917-8022
傳　　真	02-2915-6275
版　　次	初版一刷 2018 年 8 月
定　　價	新台幣 450 元 / 港幣 150 元

國家圖書館出版品預行編目 (CIP) 資料

活的花藝 移動的花園 組合盆栽全書 / 張滋佳
著 . -- 初版 . -- 臺北市：麥浩斯出版：家庭傳
媒城邦分公司發行 , 2018.08
　　面；　公分
ISBN 978-986-408-403-6(平裝)
1. 盆栽 2. 園藝學

435.11　　　107011516